菇顏

四季野菇博物繪

博物家圖譜 2

THE FACE OF MUSHROOMS IN NATURE

黃崑謀 / 繪

紅托鵝膏、小包腳菇、綠褐裸傘、蘑菇、毒紅菇、粗毛擬革蓋菌
雞油菌、杯珊瑚菌、隆紋黑蛋巢菌、網紋馬勃、長裙竹蓀

緋紅齒濕傘、巨大口蘑、尖頂粉褶菌、網狀牛肝菌
綠褶菇、靈芝、小孢綠盤菌、多根硬皮馬勃、彈性馬鞍菌、蛹蟲草

柱狀田頭菇、側耳、片狀波邊革菌、棕色革菌、木耳、卷毛小口盤菌

簇生鬼傘、裂褶菌、卷緣齒菌

緋紅的濕傘在酢醬草旁隨風搖晃，
數以百計的鬼傘著魔般由白轉黑，
美味的牛肝菌和有致命吸引力的鵝膏
緊緊依偎在殼斗科戀人的腳下，
蘑菇用力地撐出飽滿的菌傘，
石頭般的馬勃悄悄醞釀著驚人的爆發，
樹幹上的側耳張大耳朵聆聽這巨大無聲的變化。
從早春到初冬，一場又一場的野菇舞會，
展現了大自然的柔軟與堅定、美味與毒辣、尋常與珍奇，
如此讓人捉摸不定卻又目眩神迷……

Amanita rubrovolvata

紅托鵝膏
Amanita rubrovolvata
鵝膏科

　　鵝膏科是毒菇的大本營，這類野菇不論色彩鮮豔或是樸素，大多具有毒性，因此又有「毒傘」之稱。西方童話故事中常出現的經典毒菇造型，便是以這個家族中的「毒蠅傘」為藍本。台灣雖然沒有毒蠅傘，但有另一種長相和毒蠅傘近似的紅托鵝膏，也具有神經性劇毒，喜歡野外採鮮的饕客，可別冒險一嚐。紅托鵝膏的特徵之一是菌柄基部具有鮮紅色菌托，這也是它名稱的由來。常單生或散生在低、中海拔林地上，喜與殼斗科和松科樹木根部形成共生關係，就是所謂的「外生菌根菌」，所以多可在這些樹種附近地面發現它美麗的身影。

Volvariella volvacea

小包腳菇
Volvariella volvacea
光柄菇科

　　小包腳菇的菌柄基部常被菌托包住，像穿了包鞋般，因此有
了這個有趣的名字。它們喜歡躲在有機質高的地方，春天時，
偶爾可於郊山附近的腐木屑堆中，找到散生至群生的野菇。小
包腳菇其實就是俗稱的「草菇」，原產於熱帶及亞熱帶，清代
時已有農民以稻草堆肥的方式人工栽培，之後甚至還外銷至國
外，因而有「中國蘑菇」之稱。因為幼蕈肉質細嫩，吃起來鮮
美可口，所以菇農通常會在菇體尚未自菌托中冒出前就趁鮮採
收，因此市場上販賣的多呈鳥蛋狀，而非野外伸出白色菌柄，
頂著個小圓帽的成蕈模樣了。

Gymnopilus aeruginosus

綠褐裸傘

Gymnopilus aeruginosus

絲膜菌科

　　在庭園腐木椿或低海拔傾倒的腐木上，常可發現三、四朵綠褐裸傘聚生在一起，半球形至平展的菌蓋，乍看像似一把淡紅褐色的小遮陽傘，走近仔細一瞧，則會發現菌蓋上不僅長了許多褐色角鱗，而且還像不小心被綠色顏料潑灑到似的，有著一個個污綠色的斑點，因而得名。菌柄上具有縱紋的綠褐裸傘，全年可見，具有幻覺型毒性，誤食會引起頭暈、噁心等中毒反應，需小心辨識。

Agaricus campestris

蘑菇
Agaricus campestris
傘菌科

　　在西方，一般人習慣將可食用的軟菇通稱為mushroom（蘑菇）。其實蘑菇的本尊，是專指這種喜歡生長於肥沃草地的白色野菇。蘑菇的個頭中等，肉質白皙細嫩、美味好吃，與經由人工栽培在市場上販售的「洋菇」，長相以及口感都非常相似，幾乎無法靠肉眼分辨，但它們實際上卻不是同一種菇。而這兩種有名的食用菇，共同的特點便是幼蕈時為淡紅色的菌褶，等到菇體成熟孢子釋出後，就會轉為棕褐色，所以食用前，想知道它們的新鮮程度如何，翻開菌褶看看，答案便可分曉。

Russula emetica

毒紅菇
Russula emetica
紅菇科

　　色彩鮮紅的菌蓋搭配高䠷白皙的菌柄，使這種中大型的野菇看來格外地賞心悅目。但可別被它美麗的模樣所誘惑，一旦誤食不僅味苦難耐，還會出現嘔吐、腹瀉等腸胃型中毒症狀，所以英文又稱為Emetic Russula（嘔吐紅菇），嚴重時甚至會因心肌衰竭而致死。因此毒紅菇就像希臘神話中的蛇髮女妖梅杜莎一般，雖然豔麗卻具有致命的吸引力。毒紅菇的質感獨特，摸起來脆脆的，稍用力擠壓便容易弄碎。因為喜與殼斗科樹木根部共生，若想探訪它們，可於春至秋季在這類林地上仔細尋覓。

Coriolopsis aspera

粗毛擬革蓋菌
Coriolopsis aspera
多孔菌科

　　木質的粗毛擬革蓋菌，屬於硬菇中勢力最龐大的多孔菌類，這個家族的野菇，不僅質地堅硬，且菌蓋背面密生菌孔，成員眾多卻各具特色。外觀呈深褐紅色的粗毛擬革蓋菌，半圓形菌蓋具有顏色深淺不一的環紋，表面則密布著直立的粗毛，摸起來就有如棕毛般粗糙的感覺，正是它最顯著的特色。而背面一個個褐色的不規則菌孔，亦是多孔菌中較明顯可見者。溫暖潮濕的季節裡，來到低海拔森林，經常可以看見這種中大型硬菇如瓦片般，單生或疊生於闊葉樹腐木之上。

Cantharellus cibarius

雞油菌
Cantharellus cibarius
雞油菌科

　　提到雞油菌，總會讓許多饕客眼睛為之一亮。這種美味的中型野菇，有股獨特的芳香氣味，喇叭狀的菌蓋平滑且散發黃色光澤，背面的子實層具有如葉脈狀分叉的褶稜，全株就像是一朵搶眼的黃色小花。生長在天然茂盛的森林土壤中的雞油菌，喜與殼斗科樹木共生。它的肉質緊密、味道鮮美，具濃郁的杏仁香味，為歐洲著名的食用菇。因目前仍無法以人工方式栽培繁殖，加上生長時間短且易腐敗，所以只能在春至秋季發菇的時候，於野外採集後享用，如有機會見到它們的原貌，可說是相當幸運。

Clavicorona pyxidata

杯珊瑚菌

Clavicorona pyxidata

杯珊瑚菌科

　　海中的珊瑚世界美麗多姿，常讓人讚歎不已。不過，陸地上也有一群野菇，不僅外觀和海中珊瑚神似，連色澤也相當多樣，外表光滑的杯珊瑚菌，便是其中的成員之一。特別的是，這種中大型的野菇，淡黃色的菇體呈扁平繳形分支頂端，可見狀似王冠的裝飾，因此英文又稱Crown Coral Mushroom（冠珊瑚菌）。杯珊瑚菌的菌肉薄呈白色，菇體的表面到處都有孢子存在，和一般菇類孢子多位於菌蓋背面不同。春夏間，常可於中海拔闊葉林內的一些腐木上，找到其單生至散生的菇體。

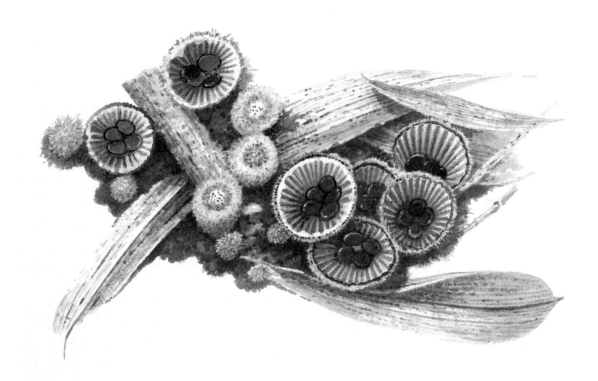

Cyathus striatus

隆紋黑蛋巢菌
Cyathus striatus
鳥巢菌科

　　春夏間，在郊山林地、竹林或一些腐木上，有時可以看見這種土褐色的小型野菇成群冒出。長相特別的隆紋黑蛋巢菌，既沒蓋又沒柄，初生時像一顆顆毛茸茸的堅硬球體，乍看常會讓人誤以為它是植物的小果實；但等到菇體成熟時，包覆在開口的被膜會自頂端逐漸裂開呈小杯狀，此時便像極了縮小版的鳥巢。隆紋黑蛋巢菌呈灰黑色的內壁有明顯縱紋，杯內有許多扁圓形的黑色小孢體，每個小孢體都埋藏著數量眾多的孢子。

Lycoperdon perlatum

網紋馬勃
Lycoperdon perlatum
馬勃科

　這種中小型的野菇，長相有如陀螺一般，球狀的菇體，下面接著有如菌柄的不孕性基部，初次相遇，總會讓人對它布滿圓刺的表面印象深刻。等到菇體成熟後，全株脫刺變褐色，只留下圓環痕及小黑點。此時，薄皮狀的菇體頂端處會出現黑褐色的小開口，以供孢子粉散出。將它拿在手中，感覺不像硬皮馬勃般堅硬，相反地卻質輕如海綿，用力一捏，頂端開口處會噴散出大量灰土般的黃褐色孢子粉，一鬆手菇體又恢復原狀，十分有趣。

Dictyophora indusiata

長裙竹蓀
Dictyophora indusiata
鬼筆科

　　這種大型的野菇不僅長相特別，更是中國自古以來著名的珍貴食用菇，因常在竹林地被發現，民間便以訛傳訛說是竹子內膜，因此而有「竹笙」之稱。脆骨質的長裙竹蓀，幼蕈時像顆鳥蛋，等到成蕈時便會裂開，伸出高而白的筆狀菌柄，柄上罩有一鐘形的皺褶小帽，帽緣處會向下垂出雪白網狀的海綿質菌裙，隨風飄蕩的模樣，十分華麗，因而有「真菌之花」、「菇中皇后」等美稱。長裙竹蓀近年已人工栽培成功，成為大眾皆可享用的美味食材。

Hygrocybe coccineocrenata

緋紅齒濕傘

Hygrocybe coccineocrenata

蠟傘科

　　想從家中展開尋菇之旅，不妨在庭院的花叢下或陽台的盆栽裡找找看，或許就有機會與個頭嬌小、顏色亮麗的緋紅齒濕傘相遇。這種夏季出現的小型野菇，通常群生於台灣低海拔地區，它們最與眾不同處，就是一身霧面蠟質的外衣，如果把菇體捏碎，還會有滑滑的感覺黏附在手指上。緋紅齒濕傘細長中空的菌柄，頂著平展不到一公分寬的菌蓋，菌蓋中央微微凹入，蓋緣稍具條紋，就像一支支被風吹翻的小紅傘，將它的菌蓋翻過來，還可見乳白至淡橙色的稀疏小厚褶，模樣十分可愛。

Tricholoma giganteum

巨大口蘑

Tricholoma giganteum

口蘑科

　　這種灰白色的大型野菇，菇體肥厚碩大，菌蓋可達三十公分寬，菌柄可達九十公分高，且往往數十朵簇生，成叢更常重達數十斤甚至上百斤，不僅是傘菌中的天霸王，也是台灣巨菇紀錄的保持者，在野外很容易看見它們龐然的身影！巨大口蘑喜歡聚生在肥沃、疏鬆的土壤，如低海拔闊葉樹林地或苗圃開闊地。因外觀驚人，三不五時便會有人發現，甚至被穿鑿附會稱為「神菇」、「塔菇」。在野外只要找到一叢，常可在附近發現好幾叢。肉質緻密可食，已人工栽培成功，名為「金福菇」。

Entoloma murraii

尖頂粉褶菌

Entoloma murraii

粉摺菌科

　　尖頂粉褶菌的菌蓋呈尖帽形，整株外表鮮黃亮麗，質感平滑而細膩，襯著四周的綠意，十分容易辨識。夏、秋之間，在低至中海拔林地上，常可發現單生或散生的菇體冒出。粉褶菌家族因為孢子多為粉紅色系而得名，尖頂粉褶菌也不例外。它和另一種菇體呈橘紅色的方孢粉褶菌，可說是形影不離的姊妹花，兩者不僅身材相似，還常同時出現在相距不遠處，幸好顏色相異，才不致讓人混淆。尖頂粉褶菌食毒不明，不過多數的粉褶菌都具有毒性，因此不建議摘採食用。

Boletus reticulatus

網狀牛肝菌
Boletus reticulatus
牛肝菌科

　　菇體碩大的網狀牛肝菌，半球形的菌蓋在成熟時會出現龜裂紋，加上菌柄表面具有明顯白色細網紋，總讓人遠遠地一眼就能辨認。夏季時，來到高海拔冷杉林內，偶爾可在松科樹木下，發現這種大型軟菇散生，所以英文俗稱為Summer King Bolete（夏季王牛肝菌）。網狀牛肝菌雖不如美味牛肝菌（*Boletus edulis*）珍貴，但它的菌肉肥厚，帶點堅果香味，也是歐洲著名的食用菇之一。牛肝菌外觀上有一共同之處，就是其菌蓋下方的子實層不是呈褶狀，而是密布著一個個小孔，這是它們有別於一般軟菇的重要特徵。

Chlorophyllum molybdites

綠褶菇

Chlorophyllum molybdites

環柄菇科

　　菌蓋為白底帶褐色斑鱗的綠褶菇，最大的特徵是菌褶成熟時為少見的灰綠色。因為其幼時菌蓋緊密，呈圓圓胖胖的球形，加上細長的菌柄，就像棒棒糖般，所以常被誤認是可口的蘑菇而採食，而它又不像鵝膏有明顯的菌托可以辨識，所以台灣高達九成以上的菇類中毒案例都是它的傑作，可稱得上是本土的「毒菇狀元」。春至夏季時，這種中大型的野菇常如雨後春筍般，成群在草地或灌叢下冒出頭。

Ganoderma lucidum

靈芝

Ganoderma lucidum

靈芝科

　　褐色光亮蠟殼的菌蓋表面，常可見一圈圈略為突起的同心環紋，即是一般人對靈芝的典型印象。自古以來，靈芝被視為中藥材的上品，民間傳說中常稱其為仙草、瑞草，甚至被奉為長生不老的靈藥。除了粗厚、近半圓形的木質外表，其背面密布的近圓形菌孔，也是它們的重要特徵。春至秋季之間，在常見的景觀大樹樹幹基部或根部周圍，往往可發現一株或多株的靈芝寄生。傳統上象徵吉祥如意的靈芝，卻會緩慢地危害寄生樹木的輸導組織，導致其衰敗死亡，因此對樹木而言，它們可是避之唯恐不及的隱形殺手哩。

Chlorociboria aeruginanscens

小孢綠盤菌

Chlorociboria aeruginanscens

柔膜菌科

　夏秋之際，於中、高海拔的一些腐木上，偶爾可發現聚生成一片的藍綠色小型軟菇。看似扇子或耳狀的小孢綠盤菌，和一般菇類的不同之處，就是它們的孢子不是在菌蓋背面，而是長在盤內側。再者，盤菌家族的成員多為黃色或棕色，所以具有藍綠色澤的小孢綠盤菌，就顯得異常獨特而珍貴。更特別的是，其菌絲會分泌藍綠色素，在歐洲地區，有人會以這種被小孢綠盤菌聚生染色的木頭製作傢俱，而藍色部分便成了美麗的裝飾。

Scleroderma polyrhizum

多根硬皮馬勃

Scleroderma polyrhizum
硬皮馬勃科

多根硬皮馬勃的質地堅硬，是因為它的菇體表面有一層厚包被，緊密包藏著由產孢組織聚成的孢子團所致，是菇類世界中鼎鼎有名的「石頭家族」成員之一。成熟後的多根硬皮馬勃，表皮會開裂呈星狀，內部的孢子團露出並逐漸飛散，最後留下的就像張開的死人手，有些駭人。多根硬皮馬勃的基部小且不明顯，下方具有假根狀的白色菌索，是一種喜與松科、殼斗科樹木共生的中大型野菇。

Helvella elastica

彈性馬鞍菌
Helvella elastica
馬鞍菌科

　　造訪高海拔美麗森林時，如果在林地上的綠色苔蘚間，發現一株株上部呈馬鞍狀或腦狀，下方接著長柄的中小型野菇，那麼可能就是彈性馬鞍菌了。它們不僅整體造型獨特，灰白至黃色的肉質菇體，給人有點晶瑩剔透的感覺，而孢子也不像一般傘菌長在菌蓋背面的菌褶內，反而是長在頭部的表面，成熟後直接彈射散播出去。彈性馬鞍菌常數個一起出現，喜與苔蘚類混生。屬於溫帶種類的彈性馬鞍菌，可以說是台灣野菇中的高山族，尤其在梨山、武陵等地的混合林地內最有可能遇見。

Cordyceps militaris

蛹蟲草

Cordyceps militaris

麥角菌科

蛹蟲草因為專挑鱗翅目昆蟲的蛹寄生，因而得名，是少數以動物維生的野菇之一。這類寄生各種昆蟲的蟲草類野菇，其實就是大家通稱的「冬蟲夏草」。夏至秋季，若發現長滿綠色苔蘚的山坡邊，或是路旁的腐葉堆裡，藏有橘黃色小棒狀的東西，可以撥開腐葉從其周圍挖下去，記得連帶附近的泥土一併挖起，再小心除掉腐葉和泥土，如果看到菇體下面連著蟲蛹，即可確定是挖到蛹蟲草了。蛹蟲草的菇體柔軟但不易折斷，頭部稍膨大，表面上細粒狀的突起，包藏著數量驚人的孢子。

Agrocybe cylindracea

柱狀田頭菇
Agrocybe cylindracea
糞傘科

　　春、秋兩季，常可在楊樹或柳樹基部，發現這種中大型野菇叢生。加上味道鮮美，且具有獨特的香味，所以俗稱「柳松茸」或「柳松菇」，有類比珍貴口蘑──「松茸」的香氣及美名之意。柱狀田頭菇的菌蓋光滑，菌柄上方則垂掛著一明顯的膜質菌環，是平地常見的腐生菌。因肉質緊密、菌柄脆嫩富含纖維質，久煮亦不失其風味，是一種兼具美味和保健的食品，現已人工栽培成功，為超市常見且受歡迎的食材。

Pleurotus ostreatus

側耳

Pleurotus ostreatus

側耳科

　　側耳是中大型的扇狀軟菇，菌褶常延生至短肥側生的菌柄上，肉質稍韌而有彈性，乍看就像一只只肉嘟嘟的耳朵。色澤和口感與珍貴食材鮑魚頗為相似，所以俗稱為「鮑魚菇」，味道細緻鮮美，因人工栽培容易，是市場常見且相當平民化的食用菇。秋至春季的多雨時節，從中海拔的森林到平地的公園，常可發現側耳如覆瓦般疊生於腐倒木上，看來十分壯觀。

Cymatoderma lamellatum

片狀波邊革菌
Cymatoderma lamellatum
柄杯菌科

　　外表革質，菇體頗為大型的片狀波邊革菌，寬度可達二十公分，近漏斗狀至扇形的菌蓋密覆著毯狀絨毛，蓋緣呈現波浪狀弧度，配上質地相同的側生短柄，看起來有幾分似高腳杯的造型。不過翻過面來卻不見典型的菌褶或菌孔，子實層似褶非褶的模樣，密布著輻射狀的褶稜，時有小瘤或小刺，突出而獨特的整體造型，常讓發現者驚奇不已。春至秋季時在低海拔闊葉林地，常可見腐木上冒出一朵朵的片狀波邊革菌，有時甚至多個菇體聚合成一大片呢。

Thelephora fuscella

棕色革菌
Thelephora fuscella
革菌科

　　在郊山林徑散步時，若看到一朵鑲著白邊的棕色重瓣花朵綻放在地面上，不妨靠近觀察，翻開革質的「花瓣」背面查看，如果是呈灰紫色平滑狀，那應該就是美麗而獨特的棕色革菌了。原來它那一片片「花瓣」，是由同一短菌柄所長出的覆瓦狀菇體，乳白色的部分則是新長出的菌肉。棕色革菌為一種外生菌根菌，喜與闊葉樹的根部形成共生，春至秋季間氣候潮濕時，偶爾可見幾株散生在低海拔林地上。棕色革菌可作藥用，具抗癌之效。

Auricularia auricula

木耳

Auricularia auricula

木耳科

　　木耳是著名的中大型食用菇，其生命力十分旺盛，不論是林地腐木、活樹枯幹上，或是室內漏水潮濕的牆角，只要濕度夠，一年四季都可能發現它的蹤跡。耳狀至淺圓盤狀的菇體，全株軟骨質呈棕褐色，表面平滑或略帶短毛，背面光滑略有皺紋，很容易辨別。木耳潮濕時呈膠質狀，天乾物燥時會縮小變堅韌，然而只要濕度恢復，就又膨脹回原先的模樣。因為其口感十分嫩脆，且具有多種營養價值和健康療效，自古以來便是養生膳食中的主角之一。

Microstoma floccosa

卷毛小口盤菌
Microstoma floccosa
肉杯菌科

　　卷毛小口盤菌是一種生長在中海拔闊葉林腐木上的小型盤菌。橘紅色的小杯搭配下面的白色短柄，有如樹幹上長出的果實一般，模樣十分可愛。夏秋間，偶爾會發現它的蹤跡；有時多個散生在一根腐木上，有時則會像花朵般叢生。肉質的菇體表面，密布著軟軟的短白毛。最特別的一點是，卷毛小口盤菌會在著生的木頭上密生棕黑色菌絲體，所以木頭摸起來感覺就像被毛毯緊緊包裹著呢！

Coprinus disseminatus

簇生鬼傘

Coprinus disseminatus

鬼傘科

　　在低、中海拔闊葉林裡，或是居家庭園內，有時會發現腐木上有著數以百計的小白點，再走近仔細一看，原來是狀似迷你鋼盔的小野菇──簇生鬼傘大面積聚生。全年可見的簇生鬼傘，初生時菌蓋為乳白色圓錐形，之後會逐漸開展且顏色轉深，老熟後菌蓋則像被施予魔咒般，快速自溶液化而變醜。會有這種奇特的變化，其實是因為鬼傘類的菇，會以自溶菇體的方式，讓孢子液如墨水般從蓋緣滴落，一旦被在附近停留的昆蟲沾到，就有機會將孢子傳播出去了。這種宛如鬼魅般的自溶現象，其實是它們尋求生命延續的一種機制哩！

Schizophyllum commune

裂褶菌
Schizophyllum commune
裂褶菌科

　　一年四季隨處可見的裂褶菌，是一種革質的小型扇狀野菇，它的質地很容易讓人誤以為其子實層像一般硬菇呈孔狀，然而事實上它卻是褶菌的成員之一。裂褶菌因菌褶邊緣縱向分裂為二而得名，又因為菌蓋表面密生白絨毛，所以俗稱「雞毛菌」。裂褶菌不但腐生能力和繁殖力都很強，且會「龜息大法」：遇乾燥時，菌蓋會反卷起來，保護菌褶；逢雨濕潤時，菌蓋又會展開，讓孢子繼續散播。體積小又有毛的裂褶菌，一副令人難以下嚥的模樣，其實幼嫩時是既可口又有益健康的食材。

Hydnum repandum

卷緣齒菌

Hydnum repandum

齒菌科

　　在低、中海拔闊葉林地暗處，偶爾會看到這種橙色、肉質緊脆的中小型野菇散生。卷緣齒菌的菌蓋邊緣呈現大波浪卷，把菌蓋翻過來，背面不是常見的褶狀或孔狀，而是密生的白色齒針，所以英文俗稱為Hedgehog Mushroom（刺蝟菇）。這種只在冬天發菇的齒菌，菇體肥厚，淡橙色的菌柄表面平滑稍有纖維絲條，個頭雖小，卻是一種美味的食用菇，不過最好趁幼嫩時品嚐，老熟後味道會變苦，就不再適合烹煮食用了。

繪者簡介

黃崑謀

台東出生。

喜歡大自然，喜歡欣賞它，喜歡靠近它。也許是空氣特別好，也許是期待會發現什麼新奇事物。從事繪圖工作多年，嘗試過許許多多的題材，自然的、人文的，每接觸一種新的主題，就如同上了寶貴的一課。而博物畫的繪製，除了美感的傳遞，更要深入了解物種的特徵與生態習性，所以野外的觀察是非常重要的步驟，也唯有透過這樣實際接觸的經驗累積，才能讓自己具備更佳的詮釋能力，也使得畫作更具生命力。

近年來的作品散見於《野菇入門》、《魚類入門》、《古蹟入門》、《蕨類入門》、《大台北空中散步》、《台灣昆蟲大發現》、《台北古蹟偵探遊》、《有一棵植物叫龍葵》、《帶不走的小蝸牛》等（皆遠流出版）。曾獲行政院新聞局金鼎獎、中國時報開卷版與聯合報讀書人版年度十大好書獎。《菇顏》是作者首次出版的博物畫作品集。

國家圖書館出版品預行編目資料

菇顏：四季野菇博物繪＝The gallery of mushrooms in nature
／黃崑謀　繪. -- 初版. --臺北市：遠流，2006〔民95〕
面；　　公分. --（觀察家圖譜；2）
ISBN 957-32-5713-0　（平裝）
1.菌類 － 圖錄

435.29024　　　　　　　　　　　　　94025985

觀察家圖譜2

菇顏——四季野菇博物繪

繪　　者——黃崑謀

審　　訂——周文能‧張東柱‧王也珍

編輯製作——台灣館
主　　編——黃靜宜　　　副主編——張詩薇
執行編輯——洪致芬　　　編輯協力——洪閔慧
美術主編——陳春惠　　　封面裝幀設計——鄭司維

發行人———王榮文
出版發行——遠流出版事業股份有限公司　台北市南昌路2段81號6樓
郵撥：0189456-1　電話：（02）2392-6899 傳真：（02）2392-6658
著作權顧問—蕭雄淋律師
法律顧問——王秀哲律師‧董安丹律師
輸出印刷——博創印藝文化事業有限公司
□2006年1月25日　初版一刷

行政院新聞局局版臺業字第1295號
定價350元（缺頁或破損的書，請寄回更換）
有著作權‧侵害必究 Printed in Taiwan
ISBN 957-32-5713-0

ylib-遠流博識網 http://www.ylib.com E-mail:ylib@ylib.com